Hamburger Geographische Studien
Herausgegeben von Albert Kolb, Erich Otremba, Wilhelm Brünger
Schriftleitung: Wilhelm Brünger

Heft 4

Die morphologischen Wirkungen der Sturmflut vom 1. Februar 1953 in den Westniederlanden

von

Hans-Günter Gierloff-Emden

Hamburg

1954

Im Selbstverlag des Instituts für Geographie und
Wirtschaftsgeographie der Universität Hamburg

Die morphologischen Wirkungen der Sturmflut vom 1. Februar 1953 in den Westniederlanden

Hans-Günter Gierloff-Emden

Hamburg

G l i e d e r u n g .

Die morphologischen Wirkungen der Sturmflut vom 1. Februar 1953 in den Westniederlanden.

Einleitung.

Die Sturmflut vom 31. Januar und 1. Februar 1953 ist die schwerste, die bisher an der Südwest-Küste der Niederlande beobachtet werden konnte. Durch Katastrophen solchen Ausmaßes wurden einst der Dollart und die Zuidersee geschaffen. Von den letzten Sturmfluten, die in den Jahren 1825, 1890, 1916, 1920 und 1926 Holland betroffen haben, ist die Flut vom 13. Januar 1916 die heftigste gewesen; damals wurden 25 000 Hektar Land überschwemmt, im Jahre 1421 wurden etwa 45 000 Hektar überflutet.

Durch die Sturmflut vom 1. Februar 1953 wurden dagegen 160 000 Hektar, davon 130 000 Hektar Kulturland überschwemmt. Das entspricht der Fläche eines Quadrates von 40 Kilometer Seitenlänge oder etwa einem Gebiet, das durch die Eckpunkte Hamburg - Oldesloe - Neumünster - Glückstadt bezeichnet wird, oder 8 % der Landfläche der Niederlande. Infolge der Katastrophe sind 1783 Menschen ums Leben gekommen. Insgesamt wurden 580 000 Personen durch die Wirkungen der Flut betroffen und 143 000 Menschen obdachlos. Eine Stadt und 75 Dörfer waren noch für Wochen und zum Teil für Monate überschwemmt. +)

Es ist selbstverständlich, daß ein Naturereignis solchen Ausmaßes sofort auch Gegenstand der Forschung geworden ist. So sind bisher eine Reihe von Arbeiten über die Ursachen der Sturmflut und über ihre wirtschaftlichen Schäden erschienen. (Siehe Literaturverzeichnis.)

Dank einer Beihilfe der Universität Hamburg hatte ich die Möglichkeit, im April 1953 eine zweiwöchige Studienreise

+) Zahlenangaben nach Lit. 1 und 2

in die von der Flut betroffenen Gebiete Hollands zu unternehmen, um die morphologischen Wirkungen der Sturmflut zu untersuchen. Von den Ergebnissen dieser Bereisung soll hier berichtet werden. Alle Beobachtungen, Beschreibungen und Ausführungen beruhen auf eigenen Geländearbeiten. Aus der Literatur übernommene Zahlenangaben und Karten sind besonders als solche vermerkt. Alle Bilder sind vom Verfasser selbst aufgenommen worden.

Den Herren der Niederländischen Wasserstraßenbehörden, insbesondere Herrn Dr. van Veen und Herrn Ing. Brüggemann bin ich zu großem Dank verpflichtet, da sie mir das Bereisen aller betroffenen Gebiete einschließlich der Sperrzonen ermöglichten und mir bereitwilligst Fahrgelegenheiten mit Autos und Motorbooten zur Verfügung stellten, sowie eine Einsichtnahme in die Karten und Zeichnungen in ihren Ämtern gern erlaubten.

2. Der Umfang der Deichzerstörungen.

Die bei der Sturmflut entstandenen Deichschäden sind außerordentlich zahlreich und schwer gewesen. Ein zahlenmäßiger Überblick soll durch die folgende Tabelle gegeben werden.

Tabelle 1.

Beschädigungen und Durchbrüche in den Außendeichen		
Gebiet	Stromgats	schwere Schäden
Hoek van Holland	-	3
Nieuwe Maas	1	11
Hollandsche Ijssel	2	26
Lek	-	12
Rozenburg	1	7
Ijsselmonde	1	33
Voorne	-	4
Putten	1	25
Hoeksche Waard	1	58
Eiland van Dordrecht	1	23
Biesbosch	-	2
Goerre-Overflakkee	8	80
Tiengemeten	-	19
Noord-Brabant	8	60
Schouwen-Duiveland	19	47
St. Philipsland	5	5
Tholen	2	19
Walcheren	-	3
Noord-Beveland	2	11
Zuid-Beveland	7	34
Zeeuws-Vlaanderen	3	13
insgesamt	62	495 +)

+) nach 1.

Bemerkung zu Tabelle 1.
Als Stromgat wird ein Deichbruch bezeichnet, der auch die Basis eines Deiches bis unter den Niedrigwasserstand durchschnitten hat, sodaß in der Zeit nach der Sturmflutkatastrophe, in einigen Fällen noch für Monate, das Seewasser freien Eintritt in die Polder hat und durch diese Lücken also bei jeder Flut einströmt und bei jeder Ebbe aus den Poldern ausströmt. Jeder Flut- und Ebbestrom verbreitert und vertieft natürlich ein solches Gat immer weiter. Von den 62 Stromgats entstanden nur 15 an nach Nordwesten exponierten Deichstrecken, dagegen 42 an nach Südwesten exponierten Deichstrecken. Zu diesen 42 Stromgats gehörten auch die größten und in ihrer zerstörenden Wirkung bedeutendsten Durchbrüche, die von der Strumflut geschaffen worden sind. Die übrigen 5 Stromgats können wegen ihrer entfernten Lage von den eigentlichen Außendeichen für diesen Vergleich unbeachtet bleiben.+)

Es ist erstaunlich, daß bei einer Sturmflut, die von einem so heftigen und außergewöhnlich lang anhaltenden Nordweststurm erzeugt wurde, die Mehrzahl der schweren Schäden, nämlich über 70 %, an den Südwest- Seiten der Inseln lagen. Durch den anhaltenden Wind wurde ein besonders hoher Stau in den trichterförmigen Seegebieten zwischen den Inseln Westhollands erzeugt. Nach Angaben von Herrn Dr. Model vom Deutschen Hydrographischen Institut hatte auch der lange Weg des Windes über dem freien Wasser der Nordsee einen Wassermassentransport durch Seegang vor der Küste zur Folge. Außerdem fiel der Zeitpunkt der Sturmflut gerade mit dem des Springhochwassers zusammen. So kam es an der westholländischen Küste am 1. Februar 1953 zu einer Spiegelhöhe, die alle dort bisher bei Sturmfluten beobachteten Wasserstände um durchschnittlich 50 cm überstieg. (3,85 m N.A.P. bei Ijmuiden, 5,20 m N.A.P. '') bei Hansweert ''')).

+) Siehe Abb. 1. Zahlenangaben nach Lit. 1 und mündl. Mitteilungen auf den Bezirkswaterstraatenämtern Middelharnis und Ziriekzee.

'') N.A.P. = Null am Pegel Amsterdam.

''') Lit. Ang. 1, S. 136

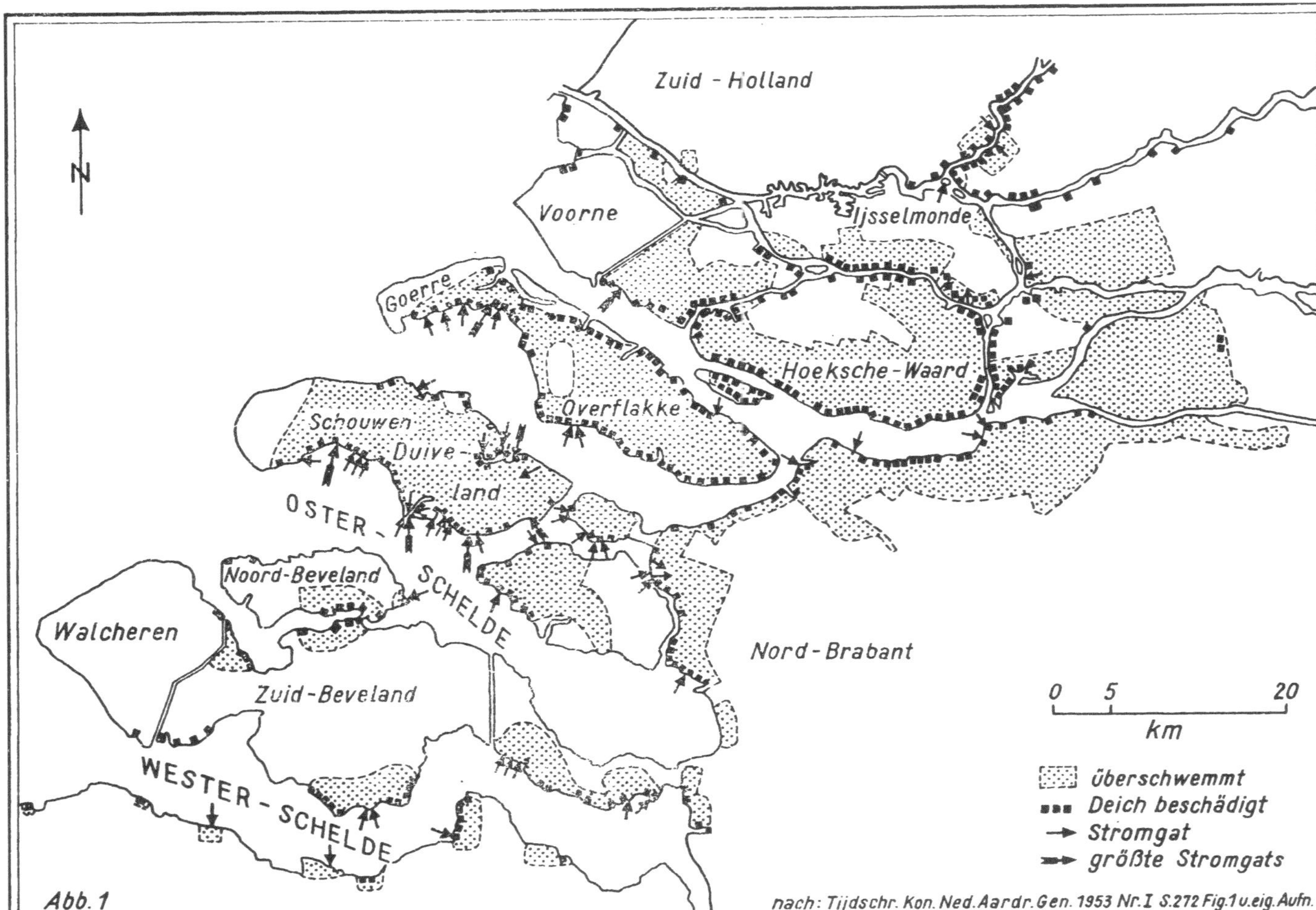

Abb. 1

nach: Tijdschr. Kon. Ned. Aardr. Gen. 1953 Nr. I S. 272 Fig. 1 u. eig. Aufn.

Das mittlere Springhochwasser erreicht an den meisten Deichen + 1,70 N.A.P. Sturmfluthöhen von annähernd 3 m kommen in vielen Jahren vor. Wegen der allgemein größeren von Norden und Nordwesten drohenden Gefahr bei Sturmfluten waren die in dieser Richtung exponierten Deiche meist von etwas größerer Kronenhöhe beschaffen als die nach Süden und Südwesten exponierten Deiche. Die Kronenhöhe der Außendeiche lag allgemein zwischen + 3,80 und 4,50 m N.A.P. Bei den außergewöhnlichen Wasserstandsverhältnissen am 1.2.1953 waren deshalb die weit stärkeren Beschädigungen der Süd- und Südwest-Seiten der Inseln die Folge. Wie im folgenden Text dieser Arbeit gezeigt wird, ist nämlich eine Kronenüberspülung die Ursache der Deichschäden gewesen und nicht etwa ein Durchbrechen infolge anbrandender Wogen. Ein Zusammenhang zwischen der Lage der Deichbrüche und der Tiefe des vorgelagerten Wattengebietes konnte nicht festgestellt werden. Schwere Deichzerstörungen sind sowohl an ausgesprochenen Flachwassergebieten als auch in der Nähe großer Priele entstanden.

Stromgats größten Ausmaßes entstanden insgesamt sieben, davon allein 5 auf Schouwen-Duiveland. Von den sieben Gats hatte sich nur eines an einem nach Norden exponierten Deich gebildet, die anderen sechs alle an nach Süden gelegenen Außendeichen. (S. Abb. 1.) An diesen Stellen größter Beschädigungen erreichten die Deichbrüche eine Länge von 100 bis 200 Meter und waren dazu bis tief unter die Basis ausgekolkt. Das größte durch die Sturmflut entstandene Stromgat nahe Schelphoek auf Schouwen-Duiveland war bis zum Juni 1953 auf eine Breite von 460 m erweitert worden.

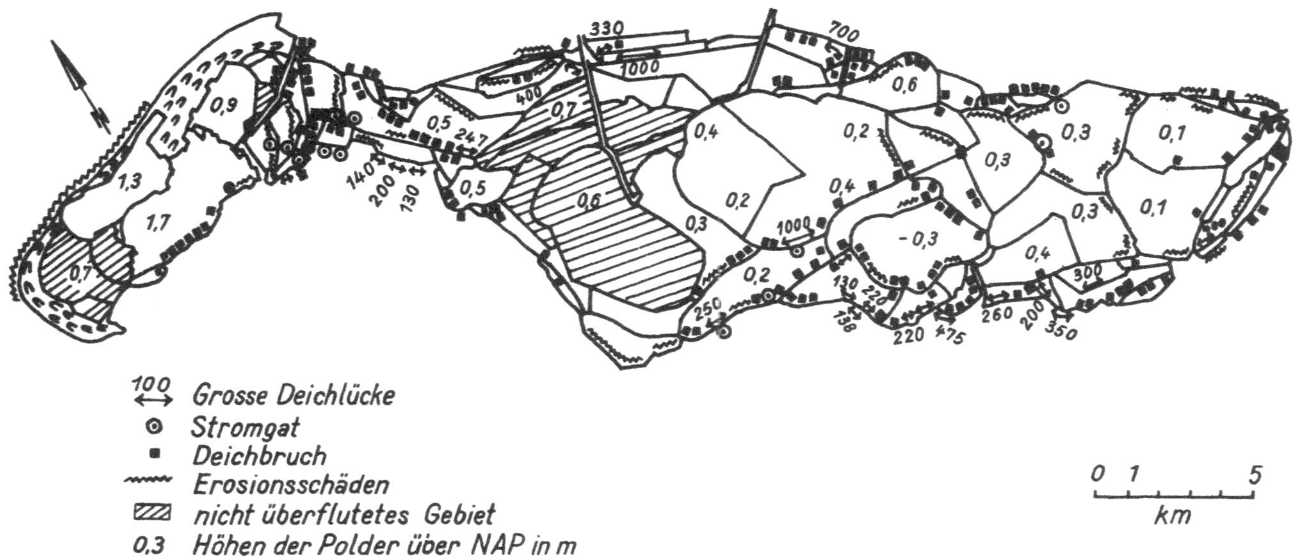

Abb. 2

nach: Lit. Ang. 1. u. eigenen Aufnahmen

Die erste Karte (Abb. 1.)+) kann nur einen groben Überblick von der Verteilung der Deichschäden vermitteln. Um einen besseren Begriff vom Umfang der durch die Sturmflut verursachten Schäden zu bekommen, ist eine Karte größeren Maßstabes der Insel Goerse- Overflakkee beigefügt, auf der alle Beschädigungen, auch die der Innendeiche eingetragen sind. (Abb.2)++) Von den 106 km Außendeich sind 28 km nahezu oder ganz zerstört worden. Schäden wie Spülrinnen und kleinere Strudellöcher, die über viele Kilometer der Deiche Grasnarbe und oberste Bodenschicht betroffen haben, sind auf dieser Karte noch nicht einmal vermerkt. Beachtlich sind auch die Verheerungen, die die Flut im Dünengebiet des Nordwestteils der Insel Goeree angerichtet hat. Das Wasser ist über die tiefer gelegenen Teile eingedrungen und hat beim Rückstrom große Teile der Dünen weggerissen. Der leicht bewegliche Sand ist in gewaltigen Mengen verschwemmt worden. Einen Begriff von der starken Spülwirkung gibt die Versetzung dreier Betonbunker, die 1,50 m starke Wände haben und mit einem 2 Meter tiefen Fundament verankert waren. Nach der Sturmflut waren sie um 25 Meter seitwärts versetzt.

+) Unter Verwendung der Karte aus Lit. Ang. 1, Aard. Kund. Gen. 1953, Heft 1.

++) Unter Verwendung der Karte aus Lit. Ang. 1, Aard. Kund. Gen. 1953, Heft 1.

3. Die Deicherosion und die Deichbrüche.

a) Die Vorgänge bei beginnender Deichzerstörung.

Von besonderem Interesse ist der Vorgang der Deichzerstörung Die genaue Kenntnis vom Ablauf des Zerstörungsprozesses ist Vorbedingung für Verbesserungen im Deichbau und für die Planung im Küstenschutz. Es liegt im eigentlichen Forschungsbereich der Morphologie, durch genaue Beobachtung und Messung ein klares Bild von den Zerstörungsvorgängen der Sturmflut und ihrer Nachwirkungen zu schaffen. Dieser induktive Weg soll in der folgenden Untersuchung beschritten werden, um zu erkennen, wie es zu den umfangreichen Zerstörungen an der niederländischen Küste kommen konnte.

Überall an der Küste Westhollands ist der Wasserspiegel durch die Sturmflut außergewöhnlich hoch gewesen. Wo keine Schäden entstanden waren, war nach dem Ablaufen des Wassers auf der Seeseite der Deiche eine dunkle Linie aus angeschwemmten Pflanzenteilen als Marke des Wasserstandes zurückgeblieben. Die ersten Anzeichen von Zerstörungen fanden sich auf der Rückseite der Deiche als typische Kleinerosionsformen in Gestalt ausgeschwemmter Grasbüschel und kleiner Schlammstreifen. Verursacht wurden diese Merkmale durch Wasser, das durch Wind aufgepeitscht, als Spritzer über die Kronen der Deiche getrieben,auf deren Rückseite in Form kleiner Rinnsale abgelaufen war. Beim wiederholten Überkommen von Wassermassen wurden diese Rinnsale schnell bis auf einige Dezimeter eingetieft, so daß sich später ein Bild bot, welches den bekannten Kleinformen der Soil-Erosion an geneigten Hängen nach aufgetretenen Starkniederschlägen sehr ähnelte. Die Hangneigung an der Deichrückseite beträgt allgemein zwischen 35 und 45 Grad. Die kleinen Erosionsrinnen setzten meist auf zweidrittel Höhe der Rückseite an und zogen sich dann bis eindrittel Höhe der Deiche herunter. (Bild 1.)

Der nächst stärkere Zerstörungsgrad bildete das Zusammenwachsen der Rinnen zu einem Erosions-Querstreifen, der durchschnittlich schon 50 cm tief und 1 bis 2 m breit in halber Höhe der Deiche Strecken von 4 bis 10 m einnahm. Über und unter diesen Streifen blieb die Grasnarbe noch recht gut erhalten.

Diese Form kann nur durch das Überschwappen der Wassermenge einiger Wellenberge über die Deichkrone erklärt werden. Das Wasser wurde dabei mit einem gewissen Schwung über die Kronen transportiert und fiel auf zweidrittel Höhe der Deichrückseite mit verhältnismäßig großer Wucht nieder. So kam es zu einem schnellen Ausspülen der Grasbülten, dann durch das Aufschlagen von Wasser auf die bloßgelegte Bodenkrume zur Tiefenerosion und zum Ausspülen von ersten Löchern.(Bild 2) Nachdem durch den ersten Aufschlag das Wasser die wirkungsvollste Zerstörungsarbeit geleistet hatte, konnte es den unteren Teil des Hanges abfließen. Dieser Vorgang reichte aber zu einer weiteren Zerstörung zunächst nicht aus. Während dieser Phase sind auch schon an einigen Stellen kleine Spüllöcher entstanden, die oft 50 cm im Durchmesser und 50 cm Tiefe erreichten. (Bild 3) Der Boden dieser Löcher wies nach dem Austrocknen dann häufig die rissige Kruste aus verschlammtem Feinmaterial auf.

Sowie es zum zeitweiligen Überfließen der Krone durch einen zunächst noch dünnen Wasserfilm kam, nahm die Zerstörung der Rückseite der Deiche von den schon beschädigten Streifen in mittlerer Höhe ihren Fortgang nach oben und unten. Dabei wurde die Erweiterung nach unten vor allem durch den Anprall des den steilen Hang herabschießenden Wassers am unteren Rand des Erosionsstreifens verursacht, während die Erweiterung zur Krone hinauf durch den Vorgang der rückschreitenden Erosion erfolgte. (Bild 4)

Die einzelnen Erosionsstreifen wuchsen nun zusammen, so daß die Rückseiten der Deiche in breiter Front aufgerissen waren, eine Erscheinung, die nach der Sturmflut über viele Kilometer an den Außendeichen der Inseln Overflakkee und Schouwen-Duiveland beobachtet werden konnte. (Bild 5)

Die rückschreitende Erosion griff schließlich die Deichkronen an. In diesem Stadium wurde auch der letzte bisher unbeschädigte Saum am Fuß der Rückseiten weggespült, während die Seeseiten der Deiche bis zu dieser Zerstörungsphase fast immer noch völlig erhalten geblieben waren. (Bild 5)
Im landläufigen Sinne hatten die Deiche also bis dahin gegen die steigende "andrängende Flut gehalten". An vielen Küstenstrecken sind die Verhältnisse von Höhe des Wasserstandes, Dauer des höchsten Standes, Seegang und Wind so gewesen, daß sich der Zerstörungsvorgang gerade bis zu diesem Stadium ausgebildet hatte. Nach dem Sinken des Sturmflutwasserstandes war der beschriebene Zustand weit verbreitet.(Bild 5)

Gegenüber den überall anzutreffenden Beschädigungen der Rückseite der Deiche hat die Zerstörung der Seeseite durch Wellenschlag und Spülwirkung bei der Sturmflut 1953 in Holland nur eine ganz untergeordnete Rolle gespielt. Nur an wenigen Stellen waren solche Wirkungen festzustellen, wie z.B. nahe am Seekanal von Ziriekzee auf Schouwen-Duiveland. Dort waren in halber Höhe der Stirnseite des Deiches Platten durch Seeschlag vom Steinbelag gerissen und an der gegen Wind und Seegang besonders exponierten Ecke des Kanalausganges war die 1 m hohe und 50 cm starke Betonmauer auf der Deichkrone durch die See zerschlagen. Auch bei Vlissingen auf Walcheren ist es zu einem Aufreißen von Uferbefestigungen gekommen.

b) Der Deichbruch.

Mögen sich die beschriebenen Vorgänge der Deichzerstörung in mehreren Stunden abgespielt haben, so sind die eigentlichen Durchbrüche stets das Werk von Minuten gewesen. Nachdem die rückschreitende Erosion die Deichkrone in ganzer Breite von hinten her durchgenagt hatte, begann schon bei der geringsten Weiterentwicklung infolge des Durchsägens sich eine tiefergelegene Lücke in der Frontseite zu entwickeln. Infolge des hohen Spiegelstandes floß das Wasser sogleich durch den neuen Einschnitt, der dann natürlich sehr schnell vertieft und verbreitert wurde.

Wo in der Nacht vom 31. Januar zum 1. Februar und am folgenden Tage nicht sofort ein Verschluß dieses Einschnittes hergestellt werden konnte, entstand fast immer ein völliger Durchbruch durch die Deiche. (Bild 6) Die Bezeichnung "Durchbruch" oder "Deichbruch" wird eigentlich erst für diese Phase sinnvoll. Durch die vorhergehende rückschreitende Erosion wurden die Deiche ja im Profil stark verändert. Bei zunächst noch erhaltener Kronenhöhe war nur die vordere Hälfte der Deiche erhalten geblieben und stand dem Wasserdruck nur mehr als schmale hohe Wand mit steiler Rückseite entgegen. In dieser Situation kann auch oft ein Eindrücken, also ein wirkliches Durchbrechen der oberen Partien erfolgt sein. Die erweiternde Spülwirkung der durch den Einbruch geschaffenen Lücke setzte den Zerstörungsprozeß wie beschrieben fort. Einen solchen Durchbruch zeigt auch Abb. 8 von der Seeseite her.

Das einströmende Wasser legte die Lücken meist schnell bis zur Basis der Deiche tiefer, ließ aber in vielen Fällen noch einen etwa einen Meter hohen Restwall am Fuße des seewärts gelegenen Deichteils stehen. (Bild 6) Die Ränder solcher Bruchstellen sprangen auch häufing mit den niedrigen Außen- und Innenteilen hufeisenförmig gegen die Brüche vor. (Bild 7) Auf der freigelegten Basis der Deiche hinterließ das einfließende Wasser Spülfurchen und kleinere Strudellöcher (Bild 7)

Infolge Erweiterung und Vertiefung solcher Durchbrüche kam es zu immer größeren Deichlücken, die auf Schouwen-Duiveland in mehreren Fällen eine Breite von 100 m und mehr, nahe Schelphoek schließlich 460 m erreichten. Glatt abgeschnitten lagen sich dann die beiden Deichenden gegenüber. (Bild 9).

c) Sekundäre Deichschäden.

Abgesehen von den Strömungswirkungen durch ein- uns austretendes Gezeitenwasser, die besonders behandelt werden, setzte in den Wochen nach der Sturmflut eine Reihe sekundärer Zerstörungsvorgänge ein.

Die nicht mehr durch eine Vegetationsdecke geschützten Bruchstellen der Deiche unterlagen natürlich vom Beginn ihrer Bildung an auch der Abtragung durch die Atmosphärilien. Besonders die Regenabspülung hat formend gewirkt. So sind die Oberflächen der Bruchstellen, die oft noch wochenlang freilagen, zum Teil geglättet, zum Teil sind durch Auswaschung Erdbrocken nachgestürzt.

Infolge des einströmenden Wassers beim Deichbruch sind die Bruchränder in einigen Fällen durch den aufgetretenen Druck in ein Kluftsystem zerlegt worden. Trotz der waagerechten Schichtung des Deichmaterials, die durch den Bau bedingt ist, und die auch z. B. auf Bild 9 deutlich zu erkennen ist, wurden infolge Erweiterung der Klüfte durch Regen senkrecht gegliederte, säulenartige Abtragungsformen geschaffen.(Bild 10)

Eine besonders interessante Erscheinung ist u. a. auch an der Innenseite des Seekanal-Deiches Ziriekzee entstanden. Der Deich ist in seiner ganzen Länge während der Sturmflut leicht überspült worden. Die Erosion und der Wasserschlag haben dicht unter der Krone auf der Innenseite einen etwa einen Meter breiten Streifen zerstört. Weiter zum Fuß hin ist der Deich aber zunächst bis auf einige Spüllöcher unbeschädigt geblieben. Da infolge eines großen Deichbruches der Polder für die folgenden Wochen aber in den Einflußbereich der Gezeitenwirkung gelangt war, konnten bei Flut und Ebbe also große Wassermassen regelmäßig in den Polder ein- und austreten.Die Innenseite des Deiches stellt nun gewissermaßen ein neues Stück Küste dar, an der sich schnell eine richtige Strandterasse gebildet hat. (Bild 11) Eine in diesem Gebiet herrschende starke Strömung hat die Vegetationsdecke im Bereich zwischen Hoch- und Niedrigwasserstand entfernt, so daß Unterspülung des weichen Kleinmaterials und Nachstürzen der höheren Partien nachträglich erhebliche Schäden anrichten konnten. Hier ist aus der Deichrückseite gewissermaßen ein kleines "aktives Kliff" geworden.

Das Kleimaterial brach oft in Form faust- bis kopfgroßer Brocken ab, die dann auf der neu geschaffenen "Strandterasse" eine Zurundung durch das bewegende Wasser erfuhren. Die Brocken waren so fest, daß sie mit der Hand nur schwer zerdrückt oder zerbrochen werden konnten und nahmen wegen der Porenverschlämmung an der Oberfläche Wasser nur bis zu einem gewissen Grade auf, sodaß sie nicht zerfielen. Schon nach einem Tage, also nach zweimaliger Flut erreichten sie alle einen ziemlich starken Abrundungsgrad. (Bild 12) Verhältnismäßig schnell dürfte das Material dann ganz zerrieben und fortgeschwemmt werden.

4. Die Kolke.

Nach Überströmen der Deichkronen verursachte die wirbelnde Bewegung des Wassers beim Ablaufen an der Rückseite häufig Strudellöcher, die in der Wasserbautechnik auch Kolke genannt werden. Als das Hochwasser abgelaufen war, konnten sie einzeln oder zu mehreren nebeneinander an sehr vielen Deichbruchstellen beobachtet werden, und zwar in allen Größen vom kleinen metertiefen Loch mit 3m Durchmesser bis zum 35 m tiefen und 200 m breiten Kolk.

Als kleinste Individuen dieser Formenreihe können die auf Bild 13 gezeigten gelten. Es handelt sich hier um eine Reihe nebeneinander gelegener Strudellöcher, die sich am Fuße der Rückseite eines alten Innendeiches der Insel Schouwen gebildet haben. Zwischen den vom Deich wegströmenden Wasserbändern sind pflugspurartige Rippen stehengeblieben, während die Tiefe der Löcher dreiviertel Meter nicht übertrifft.

Sehr häufig konnten Kolke mittlerer Größenordnung angetroffen werden. In der Nähe von Oude Tonge auf Overflakkee war der Deich an einer Stelle auf 20 m Länge durchbrochen. Hier hatte sich in die Basis des Deiches und in das Gelände unmittelbar am Deichfuß ein Strudelbecken von 9 m Durchmesser 1,50 m eingetieft. (Bild 14) Der Rand des Beckens wies eine steile Neigung, etwa 40 Grad am Hang zum Deich hin, etwa 50 Grad an den anderen Hängen auf. Das ausgespülte Material war unmittelbar anschließend auf dem Ackerland in Form einer Schwemmlinse wieder abgesetzt worden, deren Mächtigkeit 30 bis 70 cm und deren Durchmesser 25 m betrug. In sanfter konvexer Krümmung fiel die Oberfläche bis zur Randböschung hin ab, die mit 25 bis 30 Grad Neigung am Fuß scharf gegen das Ackerland abgesetzt war, was etwa dem Maximal-Schüttungswinkel des Materials in trockenem Zustand nahekommt. (Bild 15).

Ganz in der Nähe war der Deich auf 30 m Lämge durchbrochen. Das einströmende Wasser hat hier (Bild 16) einen Kolk von ovalem Grundriß mit 25 m Durchmesser und 3 m Tiefe ausgespült. Zu Beginn der Bildung war wieder ein erstes Spülloch am Rande der Deichbasis entstanden, das noch später durch die Stelle größter Tiefe im großen Kolk gekennzeichnet blieb. Noch acht Wochen nach der Katastrophe war das Becken mit Wasser gefüllt und die Ränder hatten sich in ihrer steilen, fast senkrechten Form erhalten.

Wo es bei den Deichbrüchen zur Bildung von bedeutenden Stromgats gekommen war, wurden die entstandenen großen Kolke durch das Ein- und Ausströmen des Gezeitenwassers laufend erweitert und vertieft. Nach der Auslotung eines großen Kolks nahe Herkingen auf Overflakkee wurde ein Profil gezeichnet.(Abb.3)+) Es ist gut zu erkennen, daß die größte Tiefe bald hinter dem Deich erreicht wird und der Boden des Kolks dann sanft zum hinteren, vom Deich entfernten Rand hin ansteigt, Der größte und folgenschwerste Deichbruch, der durch die Sturmflut vom 1. Februar 1953 in Westholland verursacht wurde, hat sich bei Schelphoek an der Südseite der Insel Schouwen-Duiveland ereignet. Hinter der fast 200 m breiten Deichlücke wurde ein Kolkloch von 250 m Durchmesser gebildet, das im eigentlichen Kessel eine maximale Tiefe von 38 m erreichte. Dieser Betrag wurde nur noch von der 45 m messenden Tiefe im Seekanal von Ziriekzee, wo sich zwei Stromgats gegenüberlagen, überschritten.++) Das sind für ein Wattengebiet ganz außerordentlich große Tiefen, die wohl nur im Gefolge solch großer Sturmfluten entstehen können.

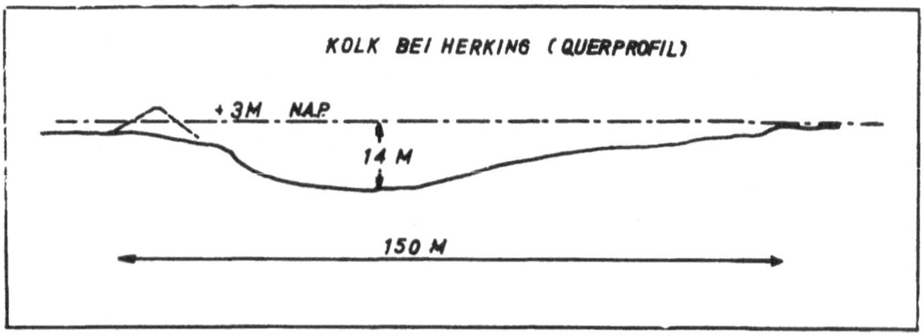

nach Vermessungen des Provinzialwaterstraatenamtes Middelharnis ABB. 3

+) Nach Angaben des Provinzialwasserstraßenamtes Middelharnis

++) Nach Angaben des Provinzialwasserstraßenamtes Ziriekzee.

5. D i e S t r ö m u n g e n u n d i h r e W i r k u n g e n .

a) Entstehung und Stärke der Strömungen.

Eine besonders folgenschwere Veränderung hat die Sturmflut mit der Schaffung neuer Strömungsverhältnisse im Gebiet Westhollands bewirkt. Da die Beseitigung der Schäden vom Frühjahr bis zum Sommer und Herbst andauerte, hatte das Wasser oft lange Zeit durch die Gats Zutritt in die Polder und bezog diese in den Bereich des durch die Gezeiten gestalteten Wattenmeeres. (Bild 17)

Große Wassermengen drängten während des Flut- und Ebbstroms durch die ja im Verhältnis zum Fassungsvermögen der Polder recht engen Stromgats. Bei der mittleren Lage der Höhe eines Polders von 0,2 m über N.A.P. und einem mittleren Hochwasserstand von 1,30 m N.A.P. würde bei freier Zutrittsmöglichkeit des Wassers eine Überflutung des Terrains um 1,10 m die Folge sein. Für eine Grundfläche von nur 4 Quadratkilometer bedeutet das schon eine Wassermenge von 4 400 000 cbm die innerhalb eines Tages zweimal ein- und ausströmen muß. Selbst wenn unberücksichtigt bleibt, daß Hoch- und Niedrigwasserstand praktisch längere Zeit fast unverändert bleiben und sich also der Wassertransport garnicht einmal auf 24 Stunden verteilt, ergeben sich für die Menge von 17,6 Millionen cbm pro Tag bewegten Wassers pro Sekunde rund 200 cbm. Zum Vergleich soll die Wasserführung der Elbe bei Geesthacht dienen, die mit 350 cbm pro Sekunde angegeben wird. Es muss aber erwähnt werden, daß manche durch Stromgats geöffnete Polder weit mehr als 4 Quadratkilometer groß sind, auch tiefer als 0,2 m plus N.A.P. liegen und daß das mittlere Springhochwasser in vielen Gebieten 1,70 m plus N.A.P. erreicht.

Besonders wirkungsvoll war der Rückstrom während der Ebbe. Bei einsetzendem Ebbstrom konnte das Wasser der freien Wattgebiete schneller abfließen als aus den durch die engen Gats während der Flut aufgefüllten Polder. Dadurch entstanden Niveauunterschiede zwischen dem Spiegel der Außendeichsgebiete und dem in den Poldern bis zu 65 cm (gemessen am Südgat im Seekanal von Ziriekzee). Es entstanden richtige Wasserfälle an den Gats, deren "Fall" aber durch keine Schwelle im Untergrund, sondern nur durch den Spiegelunterschied bedingt waren. (Bild 18) Die hohe Strömungsgeschwindigkeit verbunden mit der starken Strudelbildung bewirkte natürlich eine Verbreiterung der Deichbrüche und eine Vertiefung der Kolke. Sogar die Wiederherstellungsarbeiten litten direkt unter den neuen Strömungsverhältnissen. So war zum Beispiel die Zufahrt zum größten Hafen von Schouwen-Duiveland nach Ziriekzee täglich während mehrerer Stunden für Schleppzüge wegen zu starker Strömung an den Gats unpassierbar.

b) Die Erosionswirkung der Strömungen.

Von den Kolken an den Stromgats her fraßen sich in rückschreitender Erosion ganze Systeme von neuen Abflußrinnen in die Polder hinein. In Abb. 4 sind die neu angelegten Abflußkanäle, die in ihrer Funktion den Prielen der Wattgebiete entsprechen, vom Gebiet eines Polders bei Ziriekzee eingetragen. Einzelne Hauptarme haben sich ausgebildet, von denen aus sich zahlreiche kleine Entwässerungsrinnen entwickelten. Das Ausmaß der rückschreitenden Erosion ließ sich leicht bestimmen. In den 12 Wochen seit der ersten Überflutung hat sich der südliche Hauptarm um einen Kilometer rückwärts eingeschnitten, d.h. am Tage also durchschnittlich um 11,5 m oder fast um 6 m während eines Ebbstroms. Der am weitesten in den Polder vorgeschobene Teil hatte zur Zeit der Beobachtung die Form eines Hufeisens angenommen, über dessen Gefällesteile sich am Schluß der Ebbe ein 0,70 cm hoher Wasserfall ergoß. (Bild 19) Die Breite des Hauptarmes betrug zwischen 8 und 16 Meter, die Ränder waren steil und 0,75 Meter hoch, und zum Stromgat hin vertiefte sich die Rinne bis zu 3 m. Das Profil zeigt Abb. 6. Eine nähere Untersuchung der Kanten zeigte, daß die Formung durch die Materialschichtung bedingt war. Unter einer Decke von 0,25 m Marschboden war eine 0,50 m mächtige Schicht sandigen Lehms erkennbar, darunter lag Sand. (Bild 20)

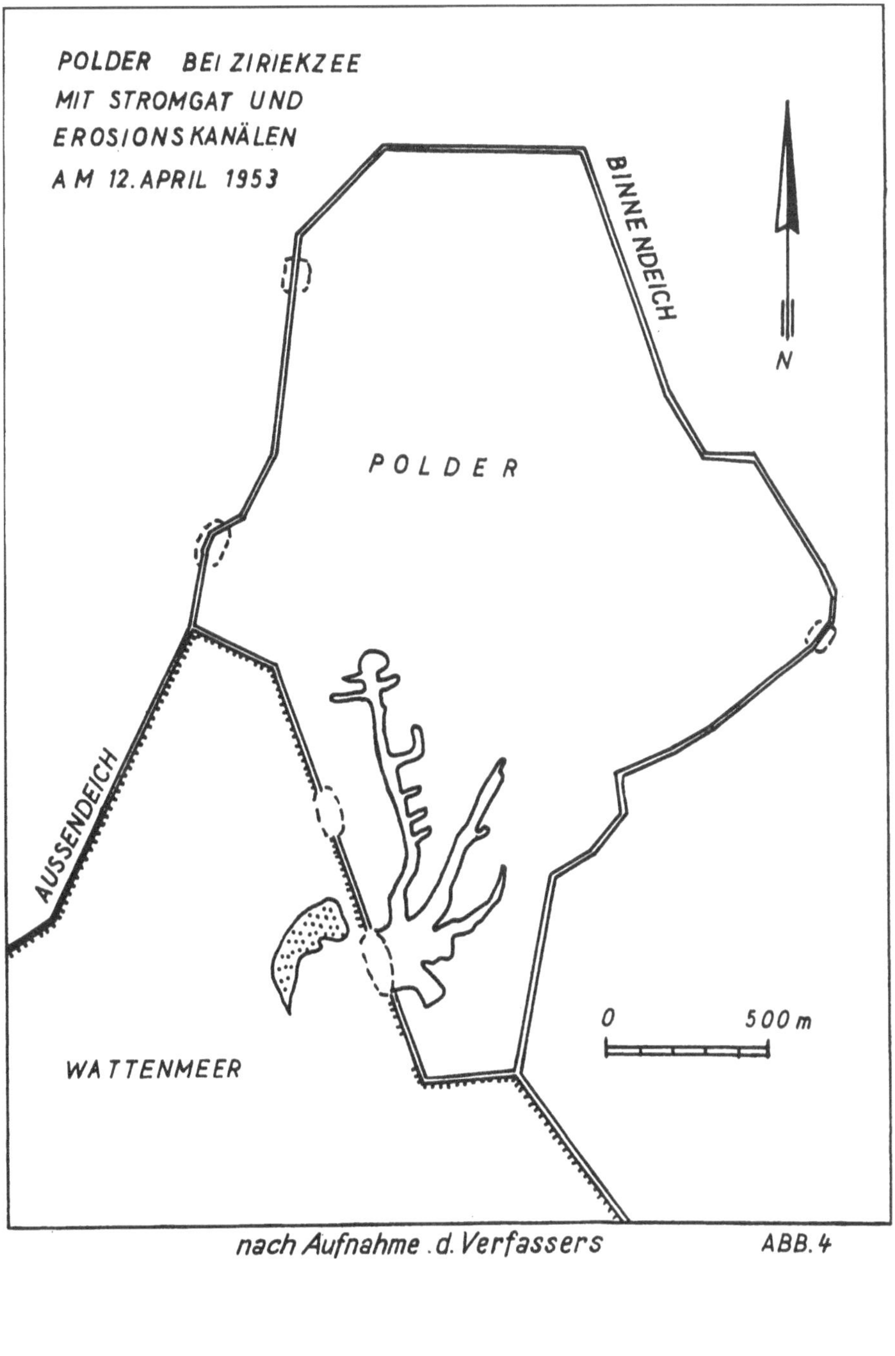

nach Aufnahme d. Verfassers

ABB. 4

Wie in Abb. 4 erkennbar, ist die Menge des ausgespülten Bodens allein durch die neu eingeschnittenen Abflußkanäle beträchtlich, ein Zerstörungswerk, welches im Laufe von 12 Wochen durch 300 Millionen Kubikmeter vom Ebbstrom aus dem Polder bewegten Wassers geleistet worden ist.

In anderen Poldern wurde durch die rückschreitende Binnenerosion das Land völlig zerstört.

Mit großer Geschwindigkeit (2 bis 3 m pro Sekunde) trat der Ebbstrom auch durch das Gat des untersuchten Polders aus. Nach dem Passieren der schmalen Durchlaßstelle verlangsamte sich die Fließgeschwindigkeit erheblich, sodaß ein Teil der vom Wasser mitgeführten Sedimente abgesetzt wurde. So hat sich schnell eine Sandbank gebildet, die mit einer Länge von 180 m und einer Breite von 50 m einen sichelförmigen Grundriß aufwies. Mit ihrer konkaven, südlichen Seite ragte sie 60 cm über das Niedrigwasser-Niveau hinaus. Dort hatte sich eine steile Kante von 30 bis 35 Grad Neigung ausgebildet. Nach Norden zu fiel die Oberfläche sanft zum Watt hin ab. Die Korngröße des abgesetzten Sandes lag zwischen 0,4 und 1,2 mm, es handelte sich also um ziemlich sortiertes Material, das in seinen großen Bestandteilen eine Grenztransportkraft von 0,3 m Strömungsgeschwindigkeit des Wassers voraussetzt, bei geringerer Transportgeschwindigkeit also sedimentiert wird. Insgesamt wurden an dieser Stelle etwa 5 000 cbm Sand abgesetzt.

Das größte Zerstörungswerk hat die Strömung am großen Deichbruch bei Schelphoek auf der Insel Schouwen-Duiveland vollbracht. Von Anfang April bis Anfang Juni 1953 wurde die Deichlücke um 125 m erweitert und erreichte schließlich eine Öffnungsweite von 460 m. Bei der südwestlichen Erosionsrinne konnte ein Rückwärtseinschneiden von 40 m pro Tag gemessen werden. Die Haupterosionskanäle wurden bis zu 130 m breit und 10 m tief und die größte Kolktiefe erreichte 38 m und im Stromgat wurde ein geschlossenes Areal von über 9 Hektar tiefer als 20 m ausgespült![+)]

[+)] Nach Karte Lit. Ang. 4 und 3 ausgemessen.

Entwicklung des Stromgats bei Schelphoek

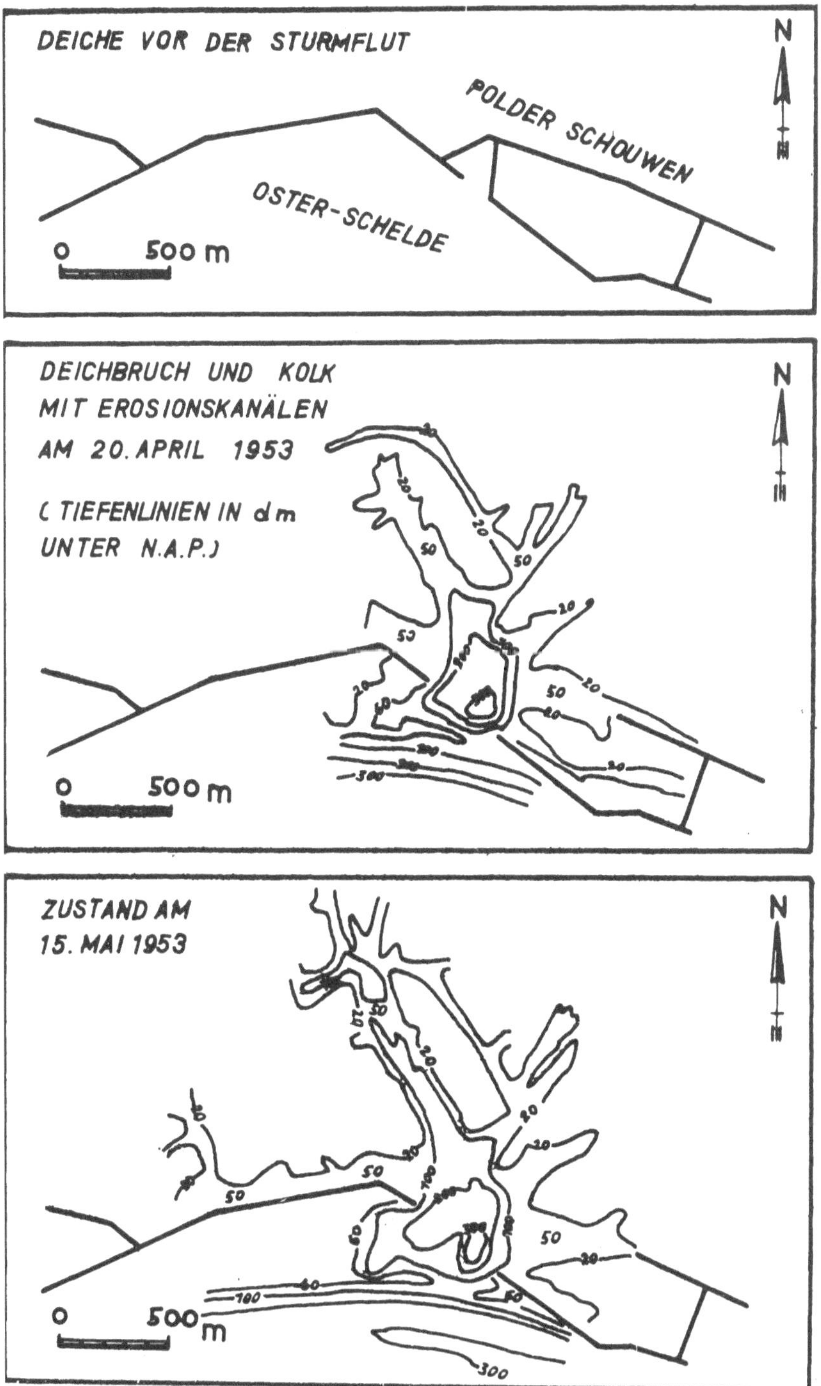

nach Lit. Ang. 3u.4. ABB. 5

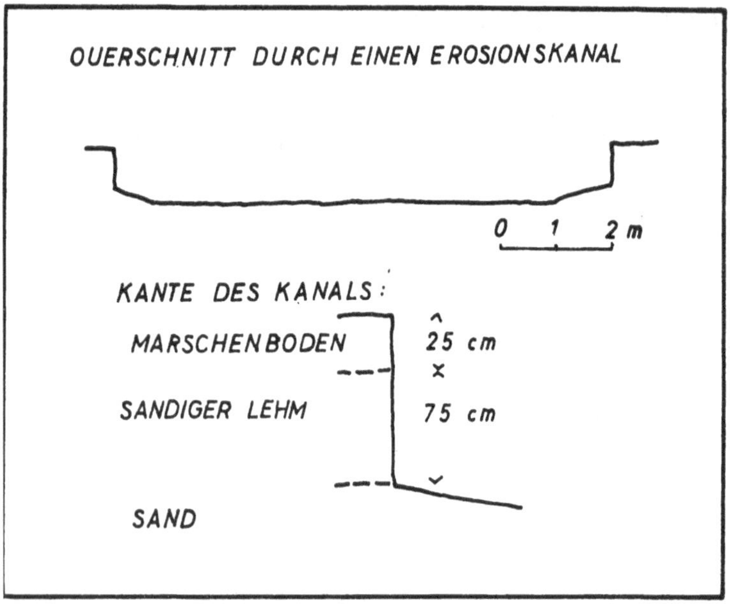

nach Aufnahme d. Verfassers ABB. 6

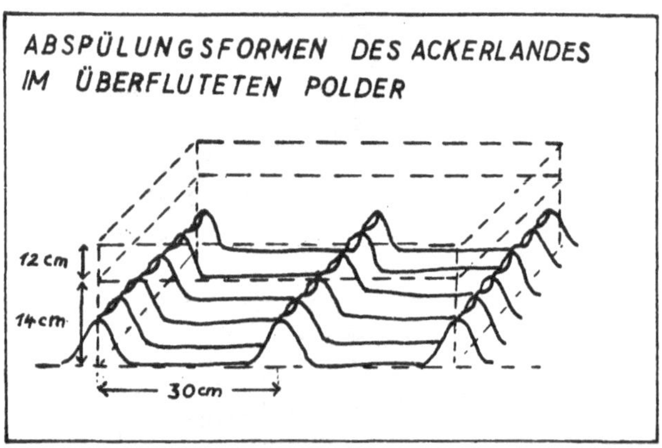

nach Aufnahme d. Verfassers ABB. 7

Errechnet man überschlagsweise die Menge des durch Kanäle an diesem Stromgat ausgespülten Materials, so ergeben sich 4,3 Millionen Kubikmeter, was bei einem durchschnittlichen spezifischen Gewicht von 2 der Transportleistung von 8600 Güterzügen zu 6o Wagen entspricht. Zum Vergleich dieser gewaltigen Erosionsleistung sollen die jährlichen Sedimenttransporte einiger Flüsse angegeben werden. ++)

Es betragen pro Jahr:

	Schlammtransport in Mill. cbm	Transport an gelösten Stoffen in Mill. cbm
Rhein bei Emmerich	1,69	5,6
Rhone bei Lyon	2,94	2,85
Nil bei Mündung d. Atbara	29,1	5,04

Die Veränderungen des Stromgats von Schelphoek sind auf Abb. 5 wiedergegeben.+++) Bild 21 zeigt ein Stromgat auf Duiveland während der Flut.

c) Einzelformen.

In einem seit der Sturmflut dem Gezeiteneinfluß unterliegenden Polder auf Duiveland wurde im April die Abtragung des Bodens beobachtet. Ziemlich genau 12 cm des Oberbodens waren ganz fortgeschwemmt. Von der darunter liegenden Schicht sind Rippen von 14 cm Höhe, 9 cm Fußbreite und einem Abstand von 30 cm voneinander stehengeblieben. Die Rippen wiesen in kurzen, regelmäßigen Abständen kleine runde Höcker auf. Der starke Zusammenhalt der Rippen war durch Pflanzenwurzeln bedingt, die wohl vom vorjährigen Getreidebau erhalten geblieben waren. Abb. 7 und Bild 22.

Alle Polder sind mit einem Entwässerungsnetz ausgestattet. Durch das ablaufende Wasser nach Beendigung der Überschwem-

++) Nach Harms, Allgemeine Erdk., Tabelle XXIV

+++) Abb. 5 nach Lit. Ang. 3 und 4 gezeichnet.

mung waren die Grabenränder besonders der Zerstörung ausgesetzt. (Bild 23) Vom einfachen Einstürzen der Wand bis zur völligen Vernichtung von Gräben konnten alle Übergangsformen beobachtet werden. Häufig hatte sich vom Rand her ein System von Soil-Erosions-Rinnen gebildet und so, insgesamt betrachtet,beträchtliche Mengen der Bodenkrume fortgeschwemmt. (Bild 24).

Doch auch das bei Flut in die Polder einlaufende Wasser hat im Laufe der Zeit beachtliche Schäden angerichtet. Auch das bei einer flüchtigen Betrachtung tischebene Marschland innerhalb der Polder weist immer geringe Höhenunterschiede auf und hat ein allerdings außerordentlich flach beschaffenes Relief. Einströmendes Wasser bewegt sich natürlich zunächst über die etwas tiefer gelegenen Partien und bildet nach wiederholtem Überfließen das Relief weiter. Die Polder wurden daher vom täglich wieder in gleichen Bahnen einlaufenden Wasser überflutet, sodaß sich ein richtiges Strömungssystem herausgebildet hat. Auf Bild 25 ist eine solche Strömung zu erkennen. Das Wasser kommt bei einsetzender Flut mit etwa 1,5 m pro Sek. Geschwindigkeit am Deich entlang in den Polder und wendet an einer bestimmten Stelle zur Gegenströmung um. Die Strombahnen waren etwa je 2 m breit. Die darunter liegende Ackerfläche wurde dementsprechend verschwemmt.

6. S e d i m e n t a t i o n u n d T r o c k e n r i s s e .

Nach der Trockenlegung der Polder war überall die Verschlikkung und die Bedeckung mit Sedimenten zu beobachten. Weite graue Flächen boten einen trostlosen Anblick und die Gräben waren zum größten Teil zugeschwemmt. (Bild 26) Der einst so fruchtbare Boden war physikalisch und chemisch entwertet. Die Versalzung wurde während des Austrocknens noch verschlimmert, da durch die Verdunstung das Salzwasser aus tieferen Bodenschichten an die Oberfläche nachstieg und sich das Salz in der obersten Schicht des Bodens anreicherte. Flaches Pflügen und Ausstreuen von Gips sind als Gegenmaßnahmen durchgeführt worden.

Durch Verschwemmen des Feinmaterials sind die Poren der Ackerkrume zugeschlämmt worden. Nach dem Austrocknen überzogen die hartverkrusteten und geborstenen Schollen der Sedimentdecke umfangreiche Areale in den Poldern. (Bild 27) Diese Schollen und Risse (Bild 28) unterscheiden sich aber deutlich von den aus den Außendeichsgebieten bekannten Formen. (Bild 29) Beim Deichvorland handelt es sich um einen Boden, der mehrere Dezimeter mächtig aus fast homogenem Material meist sehr feiner Korngrößen aufgebaut ist. Findet eine Austrocknung statt, so erfolgt der Volumenverlust infolge Wasserabgabe kontinuierlich von oben nach unten und die entstehenden Risse laufen keilförmig zur tiefsten Stelle hin aus. Liegt jedoch eine dünne Schicht feinkörniger Sedimente über einem grobkörnigerem Boden, so verengen sich die Risse plötzlich stark an der Schichtgrenze oder hören ganz auf. (Bild 30 und Abb. 8) Im Untersuchungsbeispiel handelte es sich um eine Sedimentschicht von 2,2 cm Stärke aus sehr feinem Material von etwa ein tausendstel Millimeter Korngröße. Sie war von mehreren blauen Tonbändern durchzogen und in der Mitte von einer 0,4 Millimeter mächtigen Fein-Sandschicht unterbrochen. Es hatten sich Risse gebildet, die Polygone von durchschnittlich 10 bis 20 cm Durchmesser umgrenzten.

ENTWICKLUNG VON AUSTROCKNUNGSFORMEN.

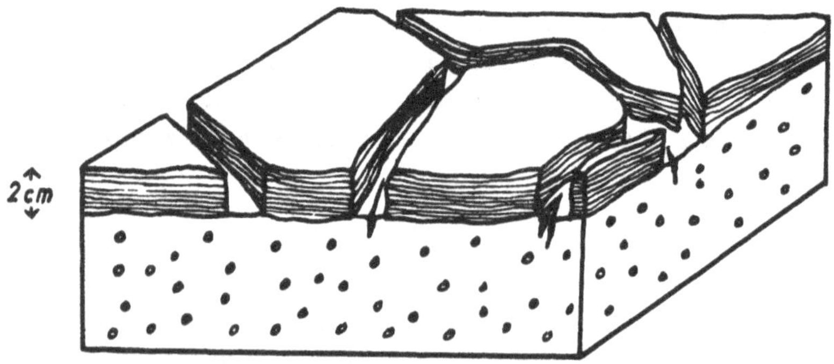

TROCKENRISSE IN EINEM POLDER, DER VIER WOCHEN ÜBERFLUTET WAR. SCHLICK-SEDIMENTSCHICHT AUF MARSCHENBODEN.

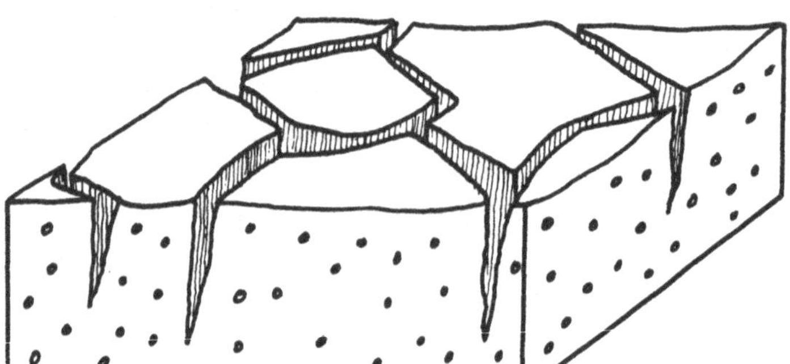

TROCKENRISSE IM HOMOGEN AUFGEBAUTEN AUSSENDEICHSLAND.

nach Aufnahme d. Verfassers ABB. 8

Nach einem mehrstündigen Regenfall verschmierte die Oberfläche schnell und die Risse verschlemmten wieder etwas. (Bild 31) Kam es jedoch zu einer völligen Austrocknung, so erweiterten sich die Risse bis auf 2 cm (Bild 28) und die einzelnen Polygone nahmen eine konkave Scherbenform an.
Zwischen der Mächtigkeit der Sedimentschicht und der Form der Austrocknungsschollen scheint eine gewisse Abhängigkeit zu bestehen.

An einer Stelle im Polder nahe Oude Tonge war durch die Sturmflut eine etwa 4 cm mächtige Sandschicht abgelagert worden, deren Oberfläche durch nachfolgende Überflutungen mit Rippelmarken überformt war. Späterer Absatz von Schlicksedimenten hat diese nur in Rillen zwischen die Rippel abgelagert. Nach der Trockenlegung des Polders trocknete die Oberfläche aus. Es bildeten sich kleine, rechteckige Schollen mit abgerundeten Ecken, etwa 3 cm breit und 5 cm lang und mit konvexer Wölbung. Die einzelnen Blättchen waren ein bis zwei Millimeter stark und bestanden aus mehreren je ein Fünftel Millimeter dicken Schichten. (Bild 32).

7. Die Zerstörung des Vorlandes.

Mit dem steten Wechsel von Abbau und Anlandung des Meeres ändern sich auch die Formen des Vorlandes, das auch Außendeichsland genannt wird. Handelt es sich gerade um den Abbau der kleinen Steilkante des Vorlandes, so entstehen die bekannten Formen, die auch auf Bild 33 wiedergegeben sind.

Die Sturmflut vom 1. Februar hat jedoch durch den heftigen Rücklauf der großen Wassermassen die beschriebene Steilkante weitgehend zerstört. Überall lagen nach der Katastrophe vor dem Außendeichsland große Mengen abgerissener Kleibrocken und große Erdklumpen(Bild 34). In manchen Gebieten sind auf diese Weise in den wenigen Tagen nach der Sturmflut Streifen bis zu 10 m Breite durchschnittlich etwa ein bis zwei Meter verloren gegangen.

Literaturverzeichnis bisher in geographischen Zeitschriften erschienener wichtiger Arbeiten von der Überschwemmung.

1.	Schepers, J.G.H.	Een Stormvloed teisterde Zuidwest-Nederland **Tijdschrift van het Koninklijk Nederlandsch Aardrijkskundig Genootschap 1953 Deel LXX, S, 126**
2.	van Ufford, H.A. Quarles	De oorzaken van de stormvloed van 1. Febr. 1953 Aardr. Genootsch., 1953 S. 156
3.	Heslinga, M.W.	Het herstel en de sanering van het rampgebied in Zuidwest-Nederland Aardr. Genootsch., 1953 S. 273
4.	Heslinga, M.W.	De watersnood op Schouwen-Duiveland Aardr. Genootsch., 1953 S. 423
5.	van Ufford, H.A. Quarles	Die Ursachen der Sturmflut vom 1. Febr. 1953 in Niederl. Die Erde, 1953, S. 195
6.	Keuning, H.J.	Die Sturmflut vom 1. Febr. 1953 in Niederland und ihre wirtschaftlichen Auswirkungen Die Erde, 1953, S. 208

Bild 1. Südseite der Insel Overflakkee.
Beginnende Erosion an der Deichrückseite. Verursacht durch wiederholtes Überkommen von Wassermassen mit Schlag- und Spülwirkung.
Zum Text 3.) Abs. 2.

Bild 2. Südseite der Insel Overflakkee.
Bildung von Spüllöchern auf der Innenseite des Deiches.
Zu Text 3.) Abs. 3.

Bild 3. Südseite der Insel Overflakkee nahe Oude Tonge. Strudelloch von 50 cm Durchmesser an der Rückseite des Deiches. Nach der Austrocknung verkrustet das verschlämmte Feinmaterial.
Zu Text 3.) Abs. 3.

Bild 4. Südseite der Insel Overflakkee. Außendeich nahe Oude Tonge. Erosionsformen an der Rückseite des Deiches nach Überspülung der Krone. Erweiterung des Erosionsstreifens nach unten durch anlaufendes Wasser, nach oben durch rückschreitende Erosion.
Zu Text 3 a) Abs. 4.

Bild 5. Südseite der Insel Overflakkee. Außendeich nahe Oude Tonge. Durch Überflutung des Deiches hat die rückschreitende Erosion die Deichkrone angegriffen.
Zu Text 3 a) Abs. 5 und 6.

Bild 6. Nordseite der Insel Overflakkee nahe Middelharnis. Einfacher Deichbruch infolge Zerstörung der Deichkrone durch Erosion von der Rückseite her.
Zu Text 3 b) Abs. 1.

Bild 7. Nordseite der Insel Overflakkee nahe Middelharnis. Erweiterter Deichbruch mit Spülformen am Grunde. Rechts im Bilde die Deichrückseite. Zu Text 3 b) Abs. 2.

Bild 8. Deich des Seekanals von Ziriekzee auf Schouwen-Duiveland. Blick von der Außenseite des Deiches. Bruch nach Kronenüberspülung und Erosionswirkung von der Rückseite her. Zu Text 3 b) Abs. 1.

Bild 9. Rand des großen Stromgats bei Ouwerkerk auf Duiveland bei mittlerem Wasserstand von der Seeseite her gesehen.
Zu Text 3 b) letzter Absatz.

Bild 10. Durch Regen geschaffene Abtragungsform am Rande eines Deichbruches nahe Zirickzee. Die Klüftung ist durch Schub und Zerrung beim Durchbruch entstanden und später ausgewaschen worden.

Bild 11. Innenseite des Seekanaldeiches von Ziriekzee.
Bildung einer Strandterasse durch die täglichen Überflutungen und sekundäre Erosion am Fuße des Deiches.
Zu Text 3 c) Abs. 5.

Bild 12. Zurundung von Kleiebrocken auf der entstandenen Strandterasse durch kleine Brandung bei Hochwasser.
Zu Text 3 c) letzter Absatz.

Bild 13. Rückseite eines Innendeiches auf Schouwen-Duiveland.
Kleine Strudel- und Kolklöcher.
Zu Text 4. Abs. 1.

Bild 14. kolkloch in einem Deichbruch nahe Oude Tonge.
Außendeichseite im Bilde rechts.
Zu Text 4. Abs. 2.

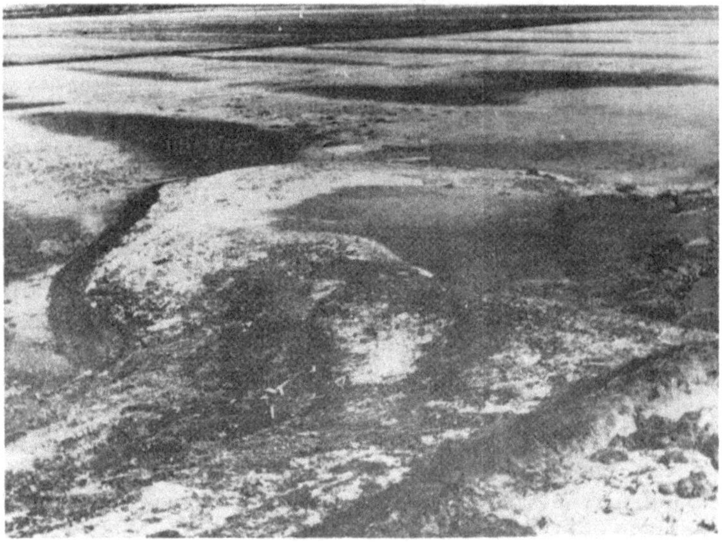

Bild 15. Schwemmkegel hinter einem Kolkloch zu Bild 14.
Zu Text 4. Abs. 2.

Bild 16. Größeres Kolkloch hinter aufgefülltem Deichbruch.
Im Hintergrund der Ort Oude Tonge.
Zu Text 4. Abs. 2 und 3.

Bild 17. Polder westlich Ziriekzee.
Die Gezeiten haben durch die noch offenen Stromgats freien Zutritt zum Innendeichsland und überfluten täglich zweimal den Polder.
Zu Text 5. Abs. 1.

Bild 18. Strömungserscheinung bei einsetzender Ebbe im Stromgat eines Außendeiches südlich Ziriekzee.
Zu Text 5 a) Abs. 3.

Bild 19. Erosionskanal, der sich vom Stromgat her rückwärts eingeschnitten hat, in einem Polder auf Duiveland. Zu Text 5 b) Abs. 1.

Bild 20. Rand des Erosionskanals von Bild 19 bei Ebbe. Zu Text 5 b) Abs. 1.

Bild 21. Stromgat auf Duiveland während der Flut.
Zu Text 5 b) letzter Absatz.

Bild 22. Polder auf Duiveland kurz vor dem Niedrigwasserstand. Das Ackerland ist noch etwa zwei Dezimeter überflutet. Höckerformen, durch den Abtragungsvorgang geschaffen, ragen durch den Wasserspiegel.
Zu Text 5 c) Abs. 1.

Bild 23. Zerstörung der Grabenränder im Polder nach der Trockenlegung.
Zu Text 5 c) Abs. 1.

Bild 24. Soil-Erosionsformen durch Beschädigung der Ackerflächen an den Abflußgräben beim Abfließen des Hochwassers.
Zu Text 5 c) letzter Absatz.

Bild 25. Strömungssystem boi einlaufendem Hochwasser im Polder westlich Ziriekzee.
Zu Text 5 c) letzter Absatz.

Bild 26. Wieder trockengelegter Polder auf Duiveland ist mit einer zum Teil verkrusteten Schlickschicht überzogen. Die Gräben sind zugeschlämmt.
Zu Text 6. Abs. 1.

Bild 27. Wieder trockengelegter Polder auf Duiveland. Nach der Austrocknung wird die Sedimentschicht zu einer harten Kruste, auf der sich dann ein Netz von Rissen bildet.
Zu Text 6. Abs. 2.

Bild 28. Trockenrisse und Krustenschollen der Sedimentschicht im Polder, nahe Middelharnis. Breite der Risse zwei Zentimeter.
Zu Text 6. Abs. 2.

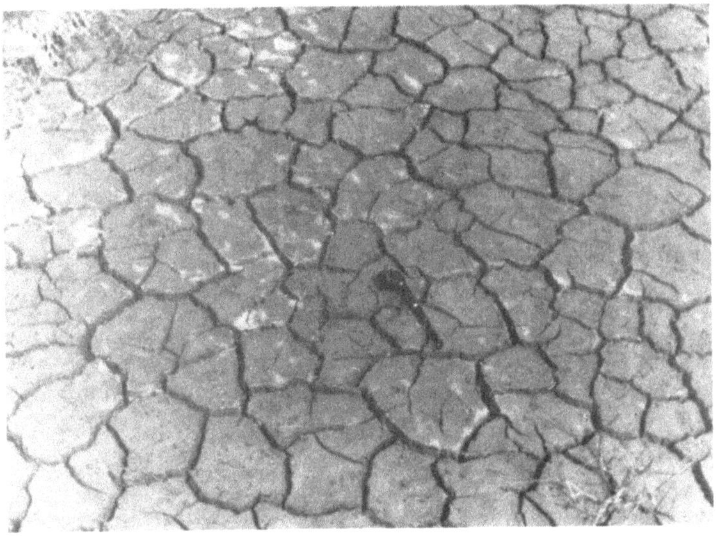

Bild 29. Trockenrisse und Polygone im Deichvorland auf einer Schlickschicht, die bis zu 40 cm Mächtigkeit aus fast homogonem Material aufgebaut ist.
Zu Text 6. Abs. 2.

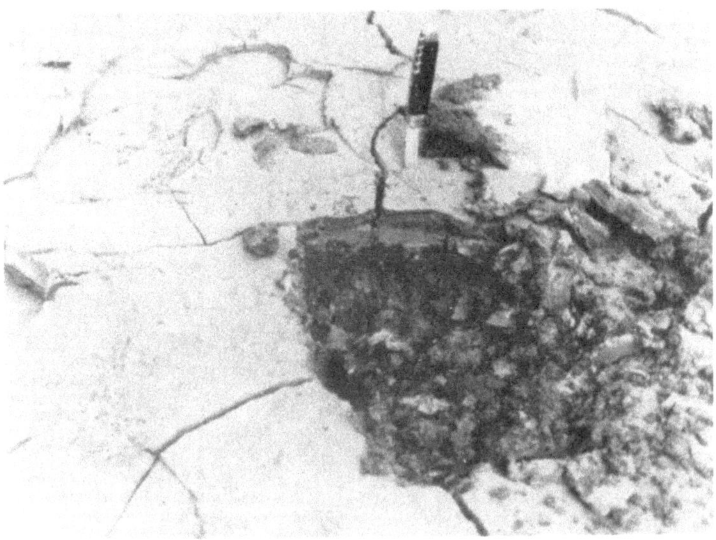

Bild 30. Angeschnittene Sedimentdecke aus Schlick auf dem Marschboden eines Polders auf Duiveland, der erst acht Wochen nach der Sturmflut trockengelegt werden konnte. Die Trockenrisse reichen nur bis zur Schichtgrenze.
Zu Text 6. Abs. 2.

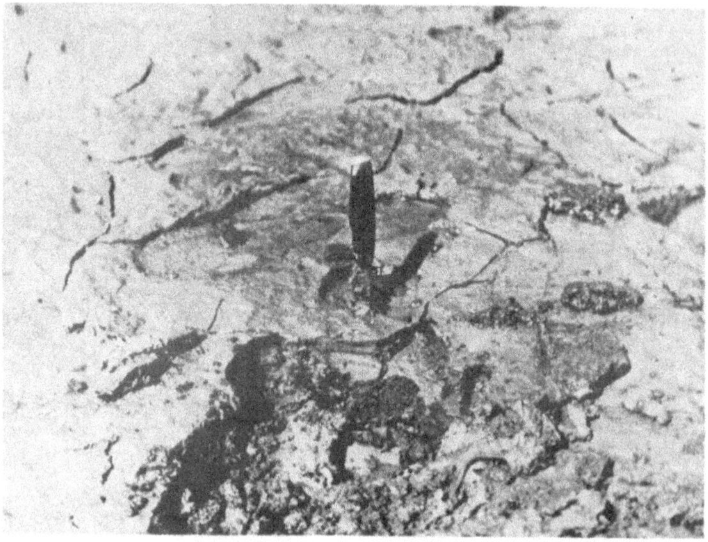

Bild 31. Verschmierung der Schlickschicht nach einem mehrstündigem Regen. Die Risse haben sich wieder etwas geschlossen.
Zu Text 6. Abs. 2.

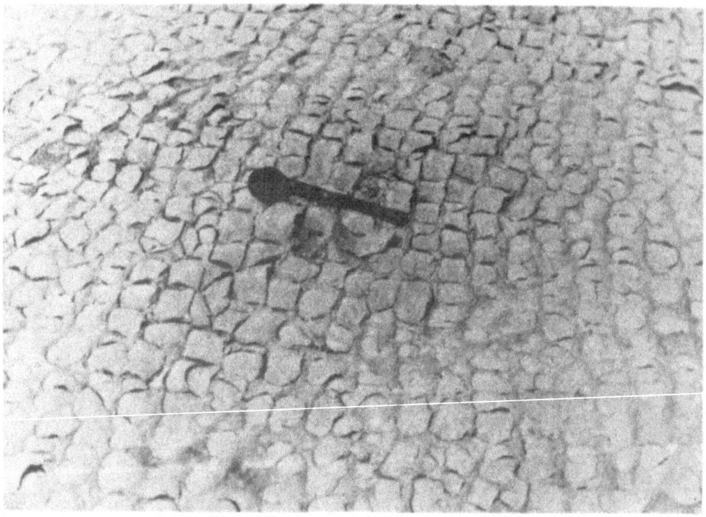

Bild 32. Uhrglasförmige Schollenformen einer Schlick-Sedimentschicht, die auf Rippelmarken einer Schwenmsanddocke in Polder abgelagert wurde.
Zu Text 6. Abs. 4.

Bild 33. Kante des Deichvorlandes an der Südseite der Insel Overflakkee. in normalem Zustand.
Zu Text 7. Abs. 1.

Bild 34. Kante des Deichvorlandes nach der Zerstörung durch die Sturmflut.
Zu Text 7. Abs. 2.

FSC
www.fsc.org
MIX
Papier | Fördert
gute Waldnutzung
FSC® C083411

Zeitfracht Medien GmbH
Ferdinand-Jühlke-Straße 7
99095 Erfurt, Deutschland
produktsicherheit@kolibri360.de